CONSIDÉRATIONS

SUR

LES POISONS VÉGÉTAUX.

MOYENS

D'ISOLER ET DE CARACTÉRISER LES ALCALIS VÉGÉTAUX

QUI PEUVENT ÊTRE RETROUVÉS

DANS LES CAS D'EMPOISONNEMENT.

THÈSE DE CHIMIE

PRÉSENTÉE

A LA FACULTÉ DES SCIENCES DE STRASBOURG,

ET SOUTENUE PUBLIQUEMENT

Le jeudi 24 juillet 1845, à deux heures,

POUR OBTENIR LE GRADE DE DOCTEUR ÈS SCIENCES,

PAR

CHARLES-FRÉDÉRIC OPPERMANN,

DE STRASBOURG (BAS-RHIN).

STRASBOURG,

IMPRIMERIE DE G. SILBERMANN, PLACE SAINT-THOMAS, 3.

1845.

PRÉSIDENT DE LA THÈSE,

M. PERSOZ,

Professeur à la Faculté des sciences et Directeur de l'école de pharmacie.

STATUT UNIVERSITAIRE DU 9 AVRIL 1825.

Art. 41. Pour chaque thèse le doyen désigne un président parmi les professeurs devant qui elle sera soutenue. Ce président examine la thèse en manuscrit ; il la signe et il est garant des principes et des opinions que la thèse contient, sous le rapport de la religion, de l'ordre public et des mœurs.

A MONSIEUR PERSOZ,

PROFESSEUR A LA FACULTÉ DES SCIENCES, DIRECTEUR DE L'ÉCOLE DE PHARMACIE, ETC.

FACULTÉ DES SCIENCES.

CHAIRES.		PROFESSEURS.
Mathématiques pures.	MM.	SARRUS, doyen.
Mathématiques appliquées		SORLIN.
		FINCK, suppléant.
Physique		FARGEAUD.
Chimie		PERSOZ.
Zoologie et physiologie animale		LEREBOULLET.
Minéralogie et géologie		DAUBRÉE.

La Faculté a arrêté que les opinions émises dans les dissertations qui lui sont présentées doivent être considérées comme propres à leurs auteurs, et qu'elle n'entend ni les approuver ni les improuver.

CONSIDÉRATIONS

SUR

LES POISONS VÉGÉTAUX.

MOYENS

D'ISOLER ET DE CARACTÉRISER LES ALCALIS VÉGÉTAUX

QUI PEUVENT ÊTRE RETROUVÉS

DANS LES CAS D'EMPOISONNEMENT.

Il est peu de personnes qui ne connaissent l'existence de quelques plantes vénéneuses, qui n'aient entendu parler des malheurs survenus lorsque, par une cause accidentelle ou par une volonté coupable, ces plantes ou une partie seulement de leur individu ont été mises en contact avec nos organes; aussi peu de sujets présentent-ils plus d'intérêt que celui que nous avons choisi, pour le chimiste surtout, parce que, pour lui, à l'importance de toutes les questions qui ont pour objet un mystère de la création, s'ajoute ici une considération de la plus haute gravité: l'obligation de répondre à l'appel qui trop souvent est fait à ses connaissances. Toutefois, nous nous empressons de l'avouer, et la discussion dans laquelle nous allons entrer le prouvera du reste, cette branche de la science, qui devrait être une des mieux connues ou du moins pouvoir fournir à la justice toutes les indications dont elle a besoin, laisse encore malheureusement beaucoup à désirer. Il y a donc quelque témérité de notre part à vouloir traiter une matière dans laquelle, malgré les recherches de chimistes distingués, on n'est point encore parvenu à établir le degré de certitude qu'exige toute analyse médico-légale; aussi n'est-ce pas sans quelque hésitation que nous soumettons le résultat de nos études au jugement des hommes compétents dans la matière; cependant, si l'essai que nous présentons, basé tant sur les nombreuses expériences qu'ont entreprises des hommes d'un talent incontestable que sur celles que nous avons faites nous-même, ne présente pas une solution complétement satisfaisante de cette importante question, du moins aimons-nous à penser qu'on nous tiendra compte de nos efforts. S'il n'est donné qu'aux esprits supérieurs d'établir les grands principes qui dominent dans la science, il ne saurait être interdit aux autres de chercher à soulever un coin du voile qui cache encore la vérité.

Nous ne dirons rien de l'histoire naturelle ni des caractères de chacune des plantes vénéneuses. Il nous serait sans doute facile, aidé des laborieux travaux des botanistes, de caractériser ces plantes et de faire voir que le *facies*, la couleur et l'odeur d'un assez grand nombre les rendent suspectes et excitent en nous une espèce de répugnance, mais tel ne peut être l'objet de ce travail; ce qui doit nous occuper, c'est l'examen des principes immédiats qu'elles renferment et auxquels elles doivent toutes leurs propriétés malfaisantes, ainsi qu'on l'a depuis longtemps avancé et que les recherches faites jusqu'à ce jour l'ont établi.

Un grand nombre de plantes vénéneuses appartiennent aux familles les plus dissemblables quant à leur structure; il n'est donc pas possible d'établir une relation entre l'existence des poisons organiques et la composition anatomique des végétaux qui les fournissent; tout ce qu'on sait à ce sujet, c'est qu'on ne rencontre de principes toxiques que dans certaines familles et que dans ces familles les unes sont plus riches sous ce rapport que les autres; ainsi on ne saurait comparer à cet égard les *strychnées*, les *ombellifères*, les *renonculacées* aux *graminées*, aux *labiées*, etc.

Nous donnons ici, d'après M. Orfila, un tableau indicatif de ces familles, familles que, comme lui, nous classons en trois groupes, en ayant égard aux effets que les plantes qu'ils constituent ou les principes immédiats qu'on en extrait exercent sur l'organisme.

FAMILLES.	GENRES.	PRINCIPES ACTIFS.	NATURE DU PRINCIPE.
	I GROUPE. NARCOTIQUES.		
Rosacées ou Amygdalées	Amygdalus	Amygdaline et	Neutre.
	Prunus	Acide cyan-hydriq.	Acide.
Papaveracées	Papaver	Morphine	Basique cristallis.
		Thébaïne	Idem.
		Codéine	Idem.
Solanées	Solanum	Solanine	Idem.
	Hyoscyamus	Hyoscyamine	Idem.
Chicoracées	Lactuca	—	—
Taxinées	Taxus	—	—
	II GROUPE. NARCOTIQUES ACRES.		
Liliacées	Scilla	Scillitine	Résineux.
Renonculacées	Aconitum	Aconitine	Basique incristall.
	Helleborus	—	—
Colchicées ou Melanthiacées	Veratrum	Vératrine	Basique incristall.
		Sabadilline	Basique cristallis.
		Jervine	Idem.
»	Colchicum	Colchicine	Idem.
Solanées	Atropa	Atropine	Idem.
	Datura	Daturine	Idem.
	Nicotiana	Nicotine	Liquide.
Personées ou Scrofulaires	Digitalis	?	—

FAMILLES.	GENRES.	PRINCIPES ACTIFS.	NATURE DU PRINCIPE.
OMBELLIFÈRES . .	Conium.	Coniine.	Liquide.
	Cicuta	—	—
	Aethusa.	—	—
	OEnanthe.	—	—
APOCYNÉES	Nerium.	—	—
	Tanghinia	Tanguine.	Incristallisable.
STRYCHNÉES . . .	Strychnos.	Strychnine	Basique cristallis.
		Brucine	Idem.
URTICÉES	Anthiaris	. . . .	. . . .
LAURINÉES	Laurus	Camphre	Neutre.
MENISPERMÉES . .	Menispermum . .	Picrotoxine. . . .	Idem.
AGARICOÏDÉES CHAMPIGNONS . .	Amanita, Agaricus.	—	—
III GROUPE. ACRES IRRITANTS DRASTIQUES.			
EUPHORBIACÉES. .	Euphorbia	Suc laiteux	Résineux.
	Croton	Huile exprimée des graines . . .	Huileux.
	Hippomane. . . .	Suc de la plante .	. . . .
VERNICÉES	Rhus	—	—
CUPRESSINÉES. . .	Juniperus Sabina.	—	—
THYMELÉES ou DAPHNOÏDÉES . .	Daphné.	. . . .	—
CUCURBITACÉES . .	Momordica. . . .	Élatérine	Cristallisable.
	Bryonia.	Bryonine (?). . . .	—
	Cucumis	—	—
GUTTIFÈRES. . . .	Garcinia	. . . .	—
RENONCULACÉES .	Ranunculus . . .	Anémonine ? . . .	Cristallisable.
	Pulsatilla	Anémonine. . . .	Idem.
	Delphinium . . .	Delphine	Basique cristallis.
CONVOLVULACÉES .	Ipoméa	Résine	—
PAPAVERACÉES . .	Chélidonium . . .	Suc laiteux et Chélidonine	Matière cristalline

Les principes immédiats auxquels se rattachent les effets toxiques de ces plantes, s'y rencontrent tantôt dans les semences, tantôt dans les feuilles, tantôt dans les écorces et les racines, plus rarement dans les fleurs. Lorsque par des traitements appropriés à chacun de ces principes, on est parvenu à les isoler des organes qui les contiennent, on trouve qu'ils sont susceptibles d'être rangés en quatre groupes qui, par leur composition et par leurs propriétés, se rapportent à l'une ou à l'autre des quatre grandes classes de produits végétaux établies par MM. Gay-Lussac et Thénard, savoir :

Ou à la classe des résines ;

Ou à la classe des acides ;

Ou à celle des bases salifiables ;

Ou enfin à celle des substances neutres.

Caractériser tous ces principes immédiats, les différencier les uns des autres et, au besoin, des autres corps connus, telle eût été la tâche que nous aurions aimé nous imposer; mais les connaissances jusqu'ici acquises dans cette partie de la science sont encore tellement imparfaites que nous sommes bien loin de pouvoir y satisfaire. L'exposé comparatif des moyens dont le chimiste dispose pour spécifier un corps, selon qu'il appartient au règne minéral ou végétal, fera ressortir les causes de cette imperfection.

Spécifier un corps du règne inorganique, c'est, après en avoir constaté les propriétés physiques qui fort souvent lui sont communes avec d'autres, le faire passer, par une série d'opérations synthétiques ou analytiques, dans un autre ordre que celui auquel il appartient, pour le ramener ensuite, mais par des opérations inverses des précédentes, à son état primitif. Ainsi le cuivre que ses propriétés physiques différencient d'un grand nombre d'autres métaux, peut être confondu par sa couleur avec le titane; mais qu'on mette en opposition les propriétés chimiques de ces deux corps et toute incertitude disparaît. Si, en effet, on les oxyde, on arrive à la formation de deux substances différentes qui n'ont ni la même composition, ni les mêmes propriétés physiques et chimiques. Le cuivre donne lieu à un oxyde noir, soluble dans les acides, quelle que soit la température à laquelle il ait été soumis, et qui engendre des sels bleus ou verts; le titane, au contraire, un oxyde blanc qui n'est soluble dans les acides qu'à de certaines conditions, et qui, lorsqu'on parvient à le faire passer à l'état salin, produit des sels incolores. Combinés au chlore, ces deux métaux forment : le premier, un composé fixe, soluble dans l'eau qu'il colore en vert, le second, un composé liquide, incolore, très-volatil et qui ne peut être dissous qu'avec certaines précautions dans l'eau et dans les oxydes. Que l'on forme avec ces métaux toutes les combinaisons binaires du premier ordre que l'on connaisse et toujours de non moins grandes différences se feront remarquer. Enfin, que l'un et l'autre aient été transformés en composés salins et qu'on fasse pour un instant abstraction de la différence qui existe dans la couleur de ces sels, incolores quand il s'agit du titane, colorés en bleu ou en vert quand il s'agit du cuivre, on trouve bien quelques réactions qui jettent dans l'indécision, ainsi le cyanure jaune produit sur les sels titaniques une coloration rouge sang, et une coloration rouge cramoisi sur les sels cuivriques; mais ces réactions sont sans valeur aux yeux d'un chimiste, car l'étude comparative des déplacements qu'on réalise sur ces deux genres de sels par l'intervention de bases salifiables, donne déjà des caractères assez tranchés pour qu'on ne puisse les confondre, et les phénomènes d'altération qui se présentent quand on fait repasser le cuivre de l'état salin à celui de métal, de sulfure, d'oxyde ou de chlorure, écartent bientôt toute idée de rapprochement entre les deux métaux que nous avons mis en opposition.

Ainsi le chimiste peut faire passer, à volonté, un corps de l'état le plus simple, l'état élémentaire, à celui de composé binaire de plus en plus élevé, ou de ce dernier le ramener à des combinaisons de plus en plus simples jusqu'à l'élément, et trouver dans toutes ces métamorphoses les moyens de séparer ce corps de tout autre et de le spécifier. Est-il appelé, par exemple, à se prononcer sur l'existence de l'acide arsénieux, il lui est loisible de le faire successivement passer à l'état d'acide arsénique, de sulfide arsénieux, d'arseniure hydrique, de chloride arsénieux, et enfin de dégager l'arsenic de ces diverses combinaisons pour l'avoir à l'état métallique, et s'il en constate les propriétés physiques et chimiques dans chacune des combinaisons qu'il a formées, s'il fait ainsi l'histoire de tous ces composés, les données de son travail seront complémentaires l'une de l'autre et lui permettront de différencier l'arsenic de tous les autres corps connus.

De plus, dans ces changements de forme qu'il fait subir à la matière, la présence de certaines substances lui fait-elle obstacle, comme celle, par exemple, des substances organiques fixes dans les composés salins, rien ne l'empêche de les détruire, il n'a qu'à réaliser les conditions dans lesquelles ces produits organiques peuvent être éliminés sans que la substance inorganique, dont il cherche à constater la présence, puisse lui échapper, et il se trouvera ainsi soustrait à toutes les causes d'erreur.

Lors donc qu'il s'agit de poisons inorganiques, les ressources que présente la science sont nombreuses, et les leviers dont le chimiste dispose sont doués de la plus grande puissance; il n'a besoin que de les combiner et d'en augmenter le nombre pour triompher de toutes les difficultés qui seraient de nature à fausser son jugement et à ébranler ses convictions; mais que de ce terrain, où la marche est assurée tant qu'on ne s'écarte pas des principes, on passe sur le terrain incertain des poisons organiques, à chaque pas on chancelle, à chaque instant le doute, l'indécision entrent dans l'esprit, et toutes les conclusions qu'on est appelé à tirer sont naturellement entachées de la mobilité du sujet qu'on traite.

En effet, les matières organiques dérivent toutes, en général, d'un très-petit nombre d'éléments, le carbone, l'hydrogène, l'oxygène, l'azote, réunis en proportions diverses à des conditions qu'il n'a point été donné à l'homme de réaliser dans un laboratoire. On s'aperçoit donc tout d'abord qu'il n'est pas possible, comme pour les corps du règne inorganique, d'ajouter à l'histoire chimique d'une substance organique celle de tous les composés qu'elle est susceptible d'engendrer, puisque, d'une part, la synthèse est sans puissance sur les éléments primitifs de la matière, et que, d'une autre, altérer successivement ces substances pour arriver à des corps inférieurs, ce serait les ramener toutes à des produits plus ou moins identiques. Ainsi, une substance organique est-elle altérée par l'acide nitrique et transformée par ce dernier en acide oxalique, cette réaction ne saurait être envisagée comme un caractère essentiel, car un très-grand nombre d'autres matières organiques fournissent aussi l'acide oxalique dans les mêmes circonstances; tout au plus peut-elle servir à différencier les substances qui engendrent de l'acide oxalique de celles qui n'en donnent pas. Par la même raison on ne saurait conclure de la production de l'acide formique à l'existence de telle ou telle substance organique, parce qu'il y a plusieurs substances organiques qui développent aussi cet acide, et que ce n'est qu'autant qu'un corps s'altère constamment et régulièrement dans telle ou telle circonstance d'une manière toute spéciale, que les altérations de ce genre peuvent être invoquées comme argument prouvant l'existence de telle ou telle substance. Nous allons, au reste, passer en revue les propriétés sur lesquelles le chimiste peut s'appuyer pour asseoir son jugement dans les recherches qui ont pour objet l'examen des corps organiques, et l'on comprendra mieux toutes les difficultés de ce travail.

Les caractères que l'on fait intervenir pour spécifier une substance organique sont puisés, les uns dans les propriétés physiques, les autres dans les propriétés chimiques de la matière. Pour établir les premières, on a égard à la couleur, à la saveur, à la densité, à l'état physique (le corps pouvant être solide, liquide ou gazeux), au point d'ébullition, et enfin aux relations de la substance avec l'électricité et la lumière; mais si la valeur de ces propriétés, dont on se sert aussi pour caractériser les corps d'origine inorganique, n'est que secondaire à l'égard de ces derniers, puisqu'en leur accordant trop d'importance on serait indubitablement exposé à confondre des substances très-dissemblables ou à en séparer qui sont chimiquement identiques, elle est encore moindre à l'égard des produits du règne organique, ainsi que nous allons le prouver.

Qu'on ait obtenu, en effet, un corps inorganique pur et volatil, on pourra toujours, en se plaçant dans les mêmes conditions et en employant un thermomètre exact, vérifier son point d'ébullition autant de fois qu'on voudra et trouver le même terme. Pour beaucoup de substances organiques, au contraire, la vérification de cette propriété n'offre plus la même concordance dans les résultats, parce que ces substances, soumises à l'action de la chaleur, se modifient et se transforment en produits de même composition, mais qui présentent des points d'ébullition plus bas ou plus élevés. Les huiles essentielles nous en fournissent plus d'un exemple.

Alors même que des modifications de ce genre n'auraient point lieu, on ne saurait encore, sans la plus grande circonspection, sous le rapport médico-légal, voir dans le point d'ébullition et dans la densité, des caractères spécifiques d'une substance organique, attendu qu'en chimie des corps qui diffèrent par leur constitution et par leurs propriétés chimiques, se confondent cependant par leur point d'ébullition, par leur densité, et même par leur composition, soit à l'état liquide, soit à l'état gazeux, tels sont, entre autres, l'acétate méthylique et l'éther formique :

	Ether formique	Acétate méthylique
Composition	$C^6H^{10}O^4$	$C^6H^{10}O^4$
Point d'ébullition	56°	58°
Densité de la vapeur	2,54	2,54
Densité à l'état liquide	0,916	0,919

Quant aux propriétés chimiques sur lesquelles on se base pour spécifier un corps organique, elles sont de cinq espèces et dérivent, les premières, du pouvoir dont il jouit d'être ou non soluble dans l'eau, dans l'alcool, dans l'éther, dans l'esprit de bois, dans l'essence de térébenthine, dans le sulfide carbonique, et lorsqu'il se dissout dans l'un ou l'autre de ces liquides, d'en être retiré avec tous ses caractères, par le seul fait de la volatilisation du véhicule employé; les secondes, celui qu'il a d'engendrer des combinaisons, soit que jouant le rôle de radical, il s'unisse à des corps simples pour former avec eux des composés, soit que se comportant à la manière d'une base ou d'un acide, il forme avec des éléments opposés, organiques ou inorganiques, des combinaisons salines, d'où il est toujours facile de le retirer avec toutes ses propriétés primitives à l'aide d'agents déplaçants; les troisièmes, des altérations qu'il peut éprouver de la part de tel ou tel agent, et de la forme sous laquelle il se décompose; les quatrièmes, de l'action qu'il exerce sur nos organes, certains corps pouvant pénétrer sans danger dans le tube digestif ou être absorbés et entraînés dans le torrent de la circulation, tandis que d'autres, au contraire, y déterminent de grandes perturbations; les cinquièmes, enfin, de la composition et du poids relatif de la masse chimique du corps auquel on fait contracter des combinaisons.

Ces caractères n'ayant pas la même valeur, il convient d'être fixé sur l'ordre de leur importance. En première ligne figurent, sans contredit, ceux qu'on tire de l'action qu'exerce une substance sur nos organes; mais comme dans la plupart des cas judiciaires, cette constatation est subordonnée à l'extraction préalable et à la séparation de la substance toxique des matières étrangères (aliments, produits de déjection, etc.) avec lesquelles elle se rencontre dans le corps de délit, il n'est pas toujours loisible au toxicologue d'en faire usage, attendu qu'à la suite de toutes ses opérations il lui reste rarement assez de matières pour pouvoir à la fois en établir les propriétés toxiques et les propriétés chimiques.

En seconde ligne se rangent les caractères déduits des combinaisons qu'une matière organique peut engendrer. Qu'il s'agisse, en effet, de l'acide hydrocyanique, par exemple, on en constate bien plus sûrement l'existence par les combinaisons que cet acide peut former avec les oxydes métalliques, que par l'étude qu'on en fait à l'état d'isolement. Par ce même motif les alcalis végétaux sont beaucoup plus faciles à spécifier que les résines ou les corps neutres, parce qu'il est toujours possible au chimiste de les faire entrer en combinaison avec les différents acides et de donner ainsi lieu à des composés salins qui sont solubles dans des véhicules où la base ne l'est pas à l'état d'isolement, ou l'inverse, et toutes ces réactions deviennent alors complémentaires l'une de l'autre.

Les caractères tirés de l'altération des substances organiques ne viennent qu'en troisième lieu, par la raison qu'il y a peu de substances qui, en s'altérant, donnent naissance à un produit particulier et bien défini, et que ce caractère n'étant valable qu'autant qu'une substance s'altère d'une manière spéciale et constante, le chimiste n'en peut faire usage que dans un très-petit nombre de circonstances.

A peu près sur la même ligne que les précédents se rangent les caractères tirés de la composition et du poids relatif de la masse chimique. Car si l'absence de l'azote dans une substance soumise à l'analyse éloigne toute supposition en faveur de l'existence de la strychnine et de la brucine, qui, toutes deux, renferment de l'azote, d'autre part la présence de cet élément ne prouve pas plus nécessairement celle de l'une ou l'autre de ces deux bases que de toute autre matière azotée qui n'exerce pas la même action sur l'économie animale. Quant au poids relatif, il ne peut être invoqué non plus que comme caractère complémentaire, parce qu'il est une foule de substances dont les équivalents sont plus ou moins rapprochés, et que d'ailleurs les méthodes employées peuvent conduire, par la nature des combinaisons que l'on effectue, à des équivalents doubles ou triples de ce qu'ils devraient être.

Enfin, comme caractères d'un ordre tout à fait inférieur ou du moins qui n'ont de valeur qu'autant qu'ils sont complémentaires de l'une ou de l'autre des propriétés qui précèdent, on doit placer la solubilité ou l'insolubilité d'une substance dans les divers véhicules (voy. tab. n° I).

On voit, par ce court exposé, combien sont étroites les limites dans lesquelles sont circonscrites les opérations du chimiste toxicologue, et cependant ces limites le deviennent encore davantage quand, au lieu d'envisager la matière d'un point de vue aussi général, on descend de ces généralités aux cas particuliers; ainsi il est beaucoup de substances vénéneuses qui ont été si peu étudiées et qui sont par conséquent si mal définies, que nous n'acquérons la preuve de leur existence que par l'effet toxique qu'elles produisent et par des caractères de solubilité ou d'insolubilité dans les véhicules, toujours plus ou moins sûrs. Or, quand, faute d'une quantité de matières suffisante, la première et la plus importante de ces deux propriétés, leur action sur l'organisme, ne peut être constatée, la seconde ne saurait être invoquée comme preuve capable d'entraîner la conviction des juges, et alors même que l'effet toxique peut être constaté, la solubilité de la substance dans tel ou tel véhicule ne permet pas encore d'en établir l'espèce d'une manière irrécusable.

Il en est d'autres, et à cette catégorie appartiennent spécialement les parties résineuses et extractives de beaucoup de plantes, dont les principes actifs ne se sont jusqu'ici révélés que par l'action qu'ils exercent sur l'organisme.

Enfin, il est des alcalis végétaux tels que ceux qu'on retire de la famille des *solanées*, des *ombellifères*, des *renonculacées*, des *colchicées*, à l'exception de la *vératrine*, qui exercent leur rapide et redoutable action à des doses si faibles, qu'il est impossible de les retrouver par l'analyse et qu'on est réduit à conjecturer de la nature des symptômes qu'elles produisent sur nos organes, leur introduction dans l'économie animale. C'est ainsi qu'on peut déduire la présence de la *solanine*, de la *nicotine*, de l'*atropine*, de la *daturine* et de l'*hyoscyamine* dans le corps de l'homme, de la dilatation particulière que ces bases causent à la pupille.

La prudence nous faisait un devoir de ne rien dire, pour le moment, de toutes ces substances dont la chimie n'est pas encore parvenue à constater l'existence à l'état d'isolement; aussi ne nous occupons-nous dans ce travail que des alcalis végétaux plus ou moins bien définis qui ne produisent d'effet qu'à des doses appréciables et ne sont susceptibles ni de se volatiliser à la température ordinaire, ni de se décomposer au contact de l'eau ou des matières organiques: la *morphine*, la *narcotine*, la *strychnine*, la *brucine*, la *vératrine*, auxquelles nous joignons une matière neutre, la *picrotonine*.

La nécessité où nous nous trouverons d'opposer aux caractères de ces bases ceux des substances qui s'en rapprochent le plus, nous mettra dans le cas d'examiner en même temps des alcaloïdes qui ne sont pas des poisons, tels que la *quinine* et la *cinchonine*.

DES BASES ORGANIQUES.

Définition. Les bases organiques ne nous sont connues que depuis le commencement du siècle: ce sont des substances composées et azotées qui, possédant les propriétés des oxydes métalliques, peuvent s'unir aux acides, former des sels avec eux, remplacer les bases inorganiques dans leurs composés salins, et enfin dissoutes dans un véhicule approprié, ramener au bleu le papier de tournesol rougi par un acide, ou brunir le papier de Curcuma. Elles existent pour la plupart toutes formées dans les végétaux; il y en a cependant qui ne sont que le résultat de certaines conditions de décomposition.

Les bases organiques qui se rencontrent toutes formées dans les plantes sont : l'*aconitine*, l'*aricine*, l'*atropine*, la *brucine*, la *chélérythrine*, la *chélidonine*, la *cinchonine*, la *codéine*, la *colchicine*, la *coniine*, la *corydaline*, la *curarine*, la *daturine*, la *delphinine*, l'*émétine*, l'*hyoscyamine*, la *jervine*, la *morphine*, la *narcéine*, la *narcotine*, la *nicotine*, la *pélosine*, la *pseudomorphine*, la *quinine*, la *sabadilline*, la *solanine*, la *strychnine*, la *thébaïne*, la *vératrine*. On en cite d'autres encore, mais dont l'existence est jusqu'ici au moins problématique.

Historique. C'est à SERTURNER que revient l'honneur de la découverte de la première base organique; cette découverte eut lieu en 1804, à l'époque où toutes les recherches de la chimie se dirigeaient sur le règne inorganique; aussi n'éveilla-t-elle point l'intérêt qu'elle méritait et SERTURNER resta-t-il en butte aux sarcasmes de ses contemporains, jusqu'au moment où M. GAY-LUSSAC appela l'attention des chimistes de ce côté et où M. ROBIQUET démontra l'existence véritable de la morphine, ce qui n'eut lieu qu'une douzaine d'années plus tard.

Quand une fois on se fut convaincu que la base découverte dans l'opium résumait en elle la plus grande partie des propriétés thérapeutiques et vénéneuses de cette substance, on rechercha dans d'autres végétaux la matière ou les principes auxquels ils doivent leur action. Deux illustres chimistes, MM. PELLETIER et CAVENTOU, ne tardèrent point à trouver aussi dans les écorces du quinquina, dans la noix vomique, et, en général, dans les *strychnées*, des bases renfermant sous un petit volume les propriétés médicinales et toxiques de ces plantes.

Extraction. Les méthodes au moyen desquelles on extrait les alcalis végétaux des substances qui les renferment sont très-simples et se trouvent exposées dans tous les ouvrages de chimie; nous ne nous y arrêterions donc pas si elles ne devaient être consultées dans le traitement du corps de délit qui est supposé les renfermer. La marche que l'on suit se règle nécessairement tant sur la volatilité ou la non-volatilité des bases que sur leur solubilité ou leur non-solubilité dans tel ou tel véhicule. Mais toujours elle est fondée sur le déplacement de la base végétale par une base inorganique plus puissante.

Si la base est fixe et insoluble dans l'eau, on commence par traiter la plante ou la partie de la plante par une eau aiguisée d'acide qui puisse former avec elle un sel soluble; on évapore la solution jusqu'au degré de concentration nécessaire et on la traite ou par un carbonate alcalin, ou par la chaux, ou par la magnésie, en ayant soin de sursaturer l'acide, toutefois faut-il toujours avoir égard à l'action de la base déplaçante sur l'alcaloïde qui peut parfois s'y dissoudre; ainsi la quinine est soluble dans l'ammoniaque à chaud, la morphine, dans les alcalis fixes et les terres alcalines; il faudra donc, dans la précipitation des sels formés par ces deux bases, ne pas employer l'ammoniaque pour précipiter la quinine, ni la potasse, la soude ou la chaux pour précipiter la morphine. Dans tous les cas, la base végétale précipitée est à l'état impur, car elle est toujours accompagnée de matières colorantes et étrangères. Pour la débarrasser de ces matières étrangères, on a recours à des véhicules appropriés qui dissolvent, à froid ou à chaud, soit la base, soit ces matières. On se sert de plus de la propriété décolorante que possède le charbon, pour obtenir la base à l'état incolore, et par des cristallisations successives, on arrive à l'avoir tout à fait pure.

Si, au contraire, la base est fixe mais soluble dans l'eau, après avoir évaporé la solution à consistance convenable, on précipite par l'acétate triplombique, les sulfates, les phosphates, les matières colorantes, les résines et la gomme qui accompagnent ordinairement l'alcaloïde; la liqueur ne contenant plus alors que l'alcaloïde avec l'excès d'acétate plombique et la matière sucrée qui peut s'y trouver, on sépare l'excès de plomb par le sulfide hydrique, on dégage par évaporation l'acide acétique et l'on traite le résidu par un véhicule convenable pour isoler le sucre.

Appliquons ce que nous venons de dire à l'extraction des bases contenues dans l'*opium*, la *morphine*, la *codéine* et la *thébaïne*.

L'opium sera épuisé par une eau légèrement acidulée et l'extrait, après avoir été convenablement évaporé, traité par un lait de chaux. La thébaïne, qui est insoluble dans l'eau et dans la solution de chaux, sera précipitée et se retrouvera dans le résidu de la filtration. La codéine est soluble dans l'eau, la morphine dans le lait de chaux; traitons par le chlorure ammonique ce lait de chaux filtré, l'ammoniaque sera mise en liberté et comme la morphine n'y est point soluble, elle sera précipitée. Il ne restera plus alors en solution que du chlorure calcique, de la codéine et le chlorure ammonique employé en excès.

Si enfin l'alcaloïde est volatil, l'extraction est beaucoup plus simple. On soumet à la distillation la partie de la plante qui renferme l'alcali végétal, en y ajoutant une base inorganique fixe. La base volatile se dégage, se rend dans le récipient avec l'eau qui passe à la distillation, et le produit de cette distillation saturé d'acide sulfurique étendu est évaporé convenablement, puis mélangé avec de la potasse caustique et de l'éther. Ce dernier dissolvant la base mise en liberté ainsi que l'ammoniaque, il suffit d'une évaporation lente au bain marie pour obtenir le dégagement de l'éther et de l'ammoniaque.

Si l'extraction des alcalis, tels qu'ils existent dans la nature, présente parfois des difficultés, on conçoit combien ces difficultés sont augmentées dans les recherches médico-légales, par le nombre des bases dont on doit toujours supposer l'existence dans un corps de délit, et surtout par les matières étrangères qui les accompagnent, car rien ne démontre *à priori* que dans toutes les circonstances le problème de l'extraction d'un alcaloïde puisse rester le même; plusieurs faits prouvent, au contraire, qu'il en est où leur mode d'extraction doit nécessairement être modifié, attendu que des propriétés des alcalis végétaux, les unes sont plus ou moins constantes, les autres plus ou moins variables dans certaines conditions, ainsi que le fera ressortir l'examen de ces propriétés auquel nous allons nous livrer, en nous efforçant, autant que possible, de ne point confondre les propriétés génériques avec les propriétés spécifiques.

DES PROPRIÉTÉS DES ALCALOÏDES.

Un des caractères génériques des alcaloïdes est précisément celui qui sert de base à la définition que nous en avons donnée, de pouvoir s'unir aux acides et de former avec eux des sels; mais ce pouvoir dont ils jouissent tous individuellement devient parfois spécifique par les qualités différentes des composés salins qu'ils engendrent. Ainsi le même acide s'unit à des proportions diverses de base et produit avec elles plusieurs sels qui ne sont également solubles ni dans l'eau, ni dans l'alcool, ni même dans les acides, les uns formant des sels acides solubles, les autres ne pouvant donner lieu à de telles combinaisons.

Le second caractère générique des alcaloïdes est qu'à l'état salin ils sont tous déplacés par les bases inorganiques puissantes et par les carbonates alcalins, et donnent souvent lieu subsidiairement, dans cette circonstance, à des combinaisons entre la base déplacée et la base déplaçante, d'une nature telle qu'on trouve dans ces réactions les moyens de les différencier les uns des autres, attendu qu'il en est qui se dissolvent dans un excès de la base précipitante, tandis que les autres y sont insolubles.

Le phénomène de la précipitation des bases les unes par les autres, lorsqu'elles sont à l'état salin, n'est cependant point un phénomène constant; on sait par les expériences de Lassonne et de Rose, que plusieurs matières organiques, telles que l'acide tartrique, le sucre, l'albumine, s'opposent au déplacement et à la précipitation d'un oxyde, au point de le masquer pour un très-grand nombre de réactifs. M. Persoz ayant remarqué que, de même que l'alumine, certaines bases organiques possèdent la propriété d'être masquées par l'acide tartrique, nous avons cherché à constater jusqu'à quel point ce phénomène était particulier au genre, car on conçoit sans peine toute l'influence qu'un tel fait peut avoir sur la recherche des alcalis végétaux; nous avons donc interrogé l'expérience pour savoir si l'acide tartrique, l'albumine et d'autres matières organiques fixes jouissent ou non de la propriété d'entraver ce déplacement et la précipitation d'un alcali végétal; nous ferons connaître le résultat de nos recherches à ce sujet, en traitant des propriétés de chacune des bases salifiables en particulier.

Lorsque les bases organiques sont à l'état de *chlorures* sous l'influence d'un excès de chloride hydrique, il en est peu qui ne forment des combinaisons doubles insolubles avec le chlorure platinique; sous ce rapport elles se comportent comme la potasse et l'ammoniaque, qui donnent naissance à des sels doubles peu solubles dans ce même réactif. Le chlorure mercurique possède aussi, mais à un moindre degré, le pouvoir de former des combinaisons doubles avec plusieurs de ces bases. Ces deux propriétés peuvent donc être aussi considérées comme essentiellement génériques.

Une propriété qui est également commune à toutes les bases, est celle d'être précipitées par l'infusion de noix de galles, ou de former avec le tannin des combinaisons insolubles dans l'eau froide. Les tannates ainsi obtenus ne sont insolubles ni dans l'eau bouillante, ni dans l'esprit de vin, ni dans les acides étendus; ces derniers même les dissolvent avec assez de facilité[1]. Exposés à l'air, ils se transforment en gallates solubles dans l'eau.

Cette propriété dont jouit l'infusion de noix de galles, de former avec les bases végétales des précipités insolubles dans l'eau froide, sert à faire reconnaître leur présence, n'y en eût-il que $\frac{1}{2000}$ en solution. Le précipité auquel le tannin donne naissance, est plus sensible sous ce rapport que celui que produisent les bases inorganiques qui, à ce degré de dilution, ne troublent pas même les liqueurs.

Le tableau ci-après fait voir l'effet du tannin et de l'acide gallique sur les solutions des alcaloïdes.

NOMS DES SELS.	TANNIN.	LA LIQUEUR CONTENANT	ACIDE GALLIQUE.
Aconitine	Précipité blanc.	$\frac{1}{2000}$	Point de précipité.
Atropine	Idem.	$\frac{1}{2000}$	Idem.
Brucine	Idem.	$\frac{1}{2000}$	Idem.
Cinchonine	Idem.	$\frac{1}{2000}$	Idem.
Codéine	Idem.	$\frac{1}{900}$	Idem.
Coniine	Idem.	$\frac{1}{2000}$	Idem.
Delphinine	Idem.	$\frac{1}{2000}$	Idem.
Emétine	Idem.	$\frac{1}{2000}$	Idem.
Morphine	Idem.	$\frac{1}{900}$	Idem.
Narcotine	Idem.	$\frac{1}{2000}$	Idem.
Quinine	Idem.	$\frac{1}{2000}$	Idem.
Strychnine	Idem.	$\frac{1}{2000}$	Idem.
Vératrine........	Idem.	$\frac{1}{2000}$	Idem.

[1] M. DUBLANC. M. O. HENRI, *Journal de pharmacie*, 1835, juin; et 1834, août.

Le tannin produit donc le même effet sur les bases organiques que sur les oxydes métalliques proprement dits. Les combinaisons auxquelles il donne lieu peuvent être décomposées par les sels stanneux, plombiques ou antimoniques, ou mieux encore par la baryte, la chaux ou la magnésie. Elles se décomposent également par la gélatine, le parchemin humide, etc. (M. Dublanc), mais beaucoup plus lentement que par les trois dernières bases indiquées. Il est donc préférable, comme M. O. Henry s'en est assuré par de nombreuses expériences, de les traiter par la chaux ou la magnésie, d'évaporer ensuite au bain marie à + 100° jusqu'à siccité complète et de reprendre par l'alcool. Ce dernier ne dissout que la base organique qui, n'éprouvant pas la moindre altération par la combinaison avec le tannin, se retrouve en totalité après l'opération.

Enfin, l'action que certaines bases exercent sur la lumière peut être aussi rangée au nombre de leurs caractères spécifiques.

Nous devons à M. Bouchardat (*Ann. de chim. et de phys.*, 1843, t. IX, 245) une suite d'expériences sur les propriétés optiques de quatre bases végétales vénéneuses, la *morphine*, la *narcotine*, la *strychnine* et la *brucine*, et de deux bases non vénéneuses, la *quinine* et la *cinchonine*, observées en solution dans des liquides inactifs comme l'eau, l'alcool ou les éthers, soit à l'état d'isolement, soit en présence des acides et des alcalis minéraux. Ce savant a reconnu que ces alcaloïdes en solution neutre ou acide exercent une action manifeste sur la lumière polarisée et que cinq d'entre eux, à l'état de solution dans l'alcool ou l'éther, dévient à gauche les rayons de la lumière paralysée, un seul, la *cinchonine*, les dévie à droite et avec une grande énergie. Tous ces alcaloïdes sont modifiés temporairement dans leur constitution moléculaire par l'intermédiaire des acides. Cette modification, à peine appréciable pour la *morphine*, est très-manifeste pour les autres.

Pour ce qui concerne les propriétés spécifiques des alcaloïdes, elles sont basées, les unes sur les altérations qu'ils subissent de la part de certains agents, les autres sur la manière dont ils se comportent, libres ou en combinaison, en présence de l'éther, de l'alcool, de l'eau.

Le chlore, l'iode, l'acide nitrique, les suroxydes manganique et plombique, les sels ferrique et aurique, l'iodate potassique, l'acide sulfurique concentré, donnent lieu à des altérations dues à des phénomènes d'oxydation qui sont fort souvent mis à profit. Il est aussi des agents réducteurs qui déterminent sur des alcalis végétaux ou sur les produits qui en dérivent, des phénomènes de coloration qui, complémentaires les uns des autres, se contrôlent réciproquement.

Les bases organiques soumises à l'influence du chlore éprouvent une décomposition très-caractéristique pour plusieurs d'entre elles. Le chlore les décompose en se portant principalement sur l'hydrogène et en donnant naissance à de l'acide chlorhydrique. Le résultat de cette action est la formation de substances peu solubles dans l'eau, solubles dans l'alcool, et n'offrant d'apparence cristalline que dans le cas où elles ont été produites par la quinine ou la cinchonine. Ce réactif est un moyen précieux d'investigation dans les recherches toxicologiques relatives aux substances vénéneuses; toutefois ses effets sont tantôt immédiats, tantôt la conséquence de l'action secondaire d'un autre corps; ainsi la quinine et ses sels qui, saturés de chlore, ne présentent pas de phénomène bien tranché, en offrent, au contraire, un très-caractéristique par la coloration vert-pré et le précipité de même couleur qui se développent au moment où l'on ajoute de l'ammoniaque à leur solution (Brandes).

MM. Pelletier, Regnaud et Sérullas, qui se sont occupés de l'action de l'iode sur ces substances, ont trouvé que ce corps, en se combinant aux bases organiques, donne naissance à la fois à des iodures insolubles et à des iodhydrates décomposables par les alcalis caustiques et le nitrate argentique, ainsi que par les acides étendus, mais alors avec dégagement d'iode.

L'action des acides sulfurique et nitrique sur les bases, n'est bien constatée que par un seul phénomène : la coloration que ces acides produisent avec elles et avec leurs sels. Cette coloration est assez caractéristique pour offrir un moyen sûr de prononcer sur la pureté ou le mélange de plusieurs de ces bases. Le tableau n° 2 comprend les réactions des oxacides sur les bases et les couleurs qui en sont le résultat ; les réactions des acides deviennent encore plus sûres quand on y joint les colorations complémentaires produites par certains composés binaires en présence de l'un de ces acides ou d'un mélange d'acides concentrés, tels que les acides sulfurique et nitrique.

Quant aux autres agents, leur action n'a point encore été envisagée d'une manière assez générale pour que nous en fassions mention ici ; mais nous aurons soin de la constater dans l'examen particulier que nous allons faire de chaque alcaloïde en particulier.

1. *Morphine.*

Formule $C^{35} H^{40} N^2 O^6$.

Symbole Mo+ ou Mo✓.

Découverte par Serturner, 1804.

La morphine cristallise en colonnes quadrilatères; elle est douée d'une saveur amère désagréable. Insoluble dans l'éther, presque insoluble dans l'eau; elle est, ainsi que ses sels, en général soluble dans l'esprit de vin, dans les acides étendus, dans les alcalis caustiques employés en excès. Délayée dans de l'eau, elle ne tarde point, sous l'influence du chlore, à se colorer en jaune orangé, puis en rouge clair, et à se dissoudre complétement. Si l'on continue d'y faire passer du chlore, la couleur rouge diminue d'intensité pour repasser au jaune et en même temps il se précipite une matière floconneuse qui, traitée par l'alcool, ne s'y dissout qu'en partie. Le résidu est noir, mais sans saveur; quant à la matière dissoute, elle ne se cristallise pas par l'évaporation.

Cette base est plus promptement attaquée que les autres substances; seule elle laisse déposer, avec la matière résinoïde, une substance charbonneuse qui paraît le dernier terme de la destruction des matières végétales riches en charbon.

La morphine se distingue encore par la manière dont elle se comporte en présence de l'iode, car lorsqu'elle est mise en contact avec ce corps, il se forme de l'iodhydrate de morphine et une substance brune de laquelle il a été impossible jusqu'ici d'extraire cet alcaloïde.

La morphine, un sel de morphine en poudre ou en solution, sont toujours colorés en bleu par les sels ferriques neutres.

L'acide sulfurique concentré les dissout sans se colorer, l'acide nitrique, au contraire, les colore en jaune d'abord, ensuite en rouge de sang.

Le chlorure aurique bien neutre colore les solutions de morphine également neutres en bleu foncé. Cette coloration étant due à un précipité d'or métallique est nécessairement subordonnée pour son intensité, pour sa nuance même, au degré de concentration des liqueurs et aux conditions dans lesquelles on opère.

L'acide iodique est aussi employé comme un réactif spécifique; il est réduit par la morphine, l'iode est mis en liberté; aussi, quand on le mélange, ne fût-ce qu'à $\frac{1}{7000}$ de morphine et à de l'amidon, celui-ci se colore fortement en bleu, en dégageant une odeur d'iode très-sensible. La quinine, la cinchonine, la vératrine, la picotroxine, la narcotine, la strychnine et la brucine, au contraire, ne séparent pas un atome d'iode de l'acide iodique (Sérullas). Du reste, ce caractère de l'acide iodique n'a qu'une valeur relative, car cet acide peut être décomposé de la même manière, par un grand nombre de matières azotées telles que la salive, l'urine fraîche, etc. (Simon et Langonné), la fibrine, l'albumine, le caséum, la levure (Laroque et Thibierge).

Les carbonates alcalins précipitent les sels de morphine, les bicarbonates, au contraire, ne produisent point de précipité à froid, si l'on a eu la précaution d'acidifier la liqueur, mais au bout de quatre à cinq heures, il se produit des cristaux de morphine.

L'acide tartrique, ajouté à la solution d'un sel de morphine, empêche complétement la précipitation de cette base par les bicarbonates sodique et potassique.

Cet acide et le vin blanc masquent également la morphine pour l'infusion de noix de galles; ce réactif n'y produit qu'un trouble opalin, mais si l'on sature l'acide libre, le précipité de tannate devient fort abondant.

2. *Narcotine.*

Formule $C^{46} H^{50} N^2 O^{14}$.

Symbole Na+ ou Na$^{\nu}$'.

Découverte par Derosne, 1803.

La narcotine n'a de saveur amère que lorsqu'elle est dissoute, le papier de toursenol rougi n'est point bleui par elle.

Elle se comporte comme une base très-faible; quoique soluble dans les acides, elle ne leur enlève point leur réaction acide; les sels qu'elle forme avec eux sont facilement décomposés par l'évaporation.

Traitée par le chlore, elle prend d'abord une couleur de chair, qui se fonce de plus en plus jusqu'au rouge brun, et finit par se dissoudre. La liqueur affecte bientôt une couleur verdâtre, en laissant déposer une matière floconneuse brune qui, lavée à l'eau bouillante, devient verte et enfin noire comme du charbon, friable, infusible, insoluble dans l'alcool.

Elle n'est soluble ni dans les alcalis caustiques, ni dans les carbonates et bicarbonates qui en sont formés.

Elle n'est point colorée à froid par N^2O^5; à chaud, elle prend une teinte jaune.

L'acide sulfurique forme avec elle une solution jaune qui vire au brun par l'évaporation. Un mélange de SO^3 et de N^2O^5 est coloré en rouge de sang par la narcotine.

Un des caractères principaux de la narcotine est sa transformation en acide *opianique*, et en une nouvelle base, la *cotarnine*, par l'action combinée de l'acide sulfurique et du suroxyde manganique. Traité de cette manière, cet alcaloïde ne précipite plus par les alcalis, l'acide et la base qui se forment étant tous les deux solubles dans l'eau.

Une dissolution d'un sel de narcotine additionnée d'acide sulfurique ou d'acide tartrique est immédiatement précipitée par les bicarbonates sodique et potassique.

Le réactif spécifique de la narcotine et en même temps le plus sensible est le sulfo-cyanure potassique qui, mêlé, ne fût-ce qu'à une dose impondérable de cette base dissoute dans un acide, détermine immédiatement un précipité rose.

Un acide organique fixe empêche la précipitation de la narcotine par l'infusion de noix de galles; mais le précipité se forme immédiatement, dès que l'on ajoute de l'ammoniaque en quantité suffisante pour saturer l'acide libre.

Ni une décoction de pain, ni l'albumine ne masquent la réaction de l'infusion de noix de galles.

3. *Strychnine.*

Formule $C^{44} H^{46} N^{4} O^{4}$
Symbole Sr+ ou Sr✓

Découverte par Pelletier et Caventou, 1818.

La strychnine est une des bases qui cristallisent le plus facilement; ses cristaux affectent la forme de prismes quadrilatères.

Elle se distingue de tous les autres alcaloïdes par son amertume excessive. L'eau ne la dissout presque pas; à la température ordinaire, il faut près de 7000 parties de ce liquide, et à +100°, environ 2500 pour en dissoudre une seule de strychnine.

Elle ne se dissout ni dans l'alcool absolu, ni dans l'éther; l'alcool à 32° la dissout à chaud.

Lorsque l'on fait passer un courant de chlore dans de l'eau où l'on a préalablement délayé de la strychnine réduite en poudre fine, ou qu'on le fait agir sur un sel de strychnine en solution, on remarque que l'alcaloïde est attaqué, que les bulles de chlore se recouvrent d'une enveloppe d'un blanc éclatant, et qu'une écume blanche couvre bientôt toute la surface du liquide; cet effet positif se continue tant qu'il reste des traces de strychnine dans la liqueur.

La strychnine se combine avec les acides convenablement

affaiblis et forme ainsi des sels en général solubles dans l'eau, qui ont la même saveur amère que leur base.

Mais en présence de certains acides concentrés, elle subit souvent une altération qui devient surtout manifeste par l'intervention du suroxyde plombique, ainsi elle ne se colore que peu ou faiblement en jaune par N^2O^5 ou par SO^3, mais dès que l'on a mélangé ces deux acides dans les proportions convenables, c'est-à-dire, 100 de SO^3 et 1 de N^2O^5, et qu'on y ajoute du suroxyde plombique, il se produit une coloration bleue très-intense, qui bientôt passe au violet, au rouge, et enfin au jaune. Or cette réaction qui a lieu même avec des quantités impondérables de strychnine, permet de distinguer cette substance des autres bases, dont aucune ne donne les mêmes colorations[1].

L'ammoniaque, la teinture de noix de galles, les carbonates, les bicarbonates et les oxalates alcalins déterminent dans les solutions de strychnine des précipités qui affectent une forme cristalline propre à cette base, mais qui n'est pas toujours visible à l'œil nu. Observons toutefois que le bicarbonate sodique précipite la strychnine, quand la solution est neutre; dès qu'elle a été rendue acide, il ne s'y forme plus de précipité que par l'évaporation de l'acide carbonique libre ou par l'ébullition.

Les sels de strychnine ne précipitent pas par l'acide iodique; à chaud, leur solution ne prend qu'une teinte violette en sa présence.

En contact avec ces sels, le sulfocyanure potassique a une réaction spéciale, quoique plus ou moins sensible selon le degré de dilution de la solution, qui peut servir à différencier la strychnine des autres bases vénéneuses. Au $\frac{1}{100}$ de

[1] *Journal de chimie et de pharmacie*, 1843, IV, 200. M. Marchand.

dilution, il y a un précipité blanc pulvérulent, au $\frac{1}{400}$ formation de cristaux déliés au milieu de la liqueur, au $\frac{1}{2000}$ il ne se forme de cristaux qu'au bout de quelques minutes[1].

Le chlorure mercurique détermine aussi un précipité blanc dans les solutions de strychnine additionnées d'une faible quantité d'acide chlorhydrique, et même dans les teintures alcooliques de noix vomique rendues acides par $Cl^2 H^2$.

Si l'on ajoute de l'acide tartrique à la dissolution d'un sel de strychnine, les bicarbonates sodique et potassique n'y produisent point de précipité, mais il s'y forme, au bout de quelques heures, une foule de cristaux fins et déliés de strychnine, quand la solution a été sursaturée de bicarbonate sodique.

L'acide tartrique en petite quantité n'empêche point la précipitation de cette base par le tannin et par les oxydes alcalins; un excès d'acide redissout le précipité formé.

4. *Brucine.*

Formule $C^{44} H^{50} N^4 O^7$.

Symbole Br+ ou Br'.

Découverte par MM. Pelletier et Caventou, 1819.

La brucine est le principe actif de l'écorce de fausse angusture; le nom de brucine lui a été donné fort improprement, car cet alcaloïde n'existe point dans l'écorce du brucea. Il paraît, d'après de nouvelles recherches, que la fausse angusture nous vient d'un arbre de la famille des strychnées.

La brucine cristallise en forme de prismes obliques, à quatre faces (Berzélius), ou en houppes étoilées (Merck); or-

[1] Artus, *Journ. für praktische Chemie*, VIII, 252.

dinairement on l'obtient en masses poisseuses, amorphes, que colore en brun une certaine quantité de matière étrangère et résineuse, dont on ne la débarrasse complétement qu'en la transformant en oxalate, qu'on traite alors par l'alcool à froid. Celui-ci, presque sans action sur l'oxalate, le dépouille bientôt de toutes les substances qui le souillent.

La brucine est également soluble dans l'alcool anhydre et dans l'alcool hydraté; elle est insoluble dans l'éther.

Les sels de brucine sont presque tous cristallisables.

Si l'on dirige un courant de chlore sur un sel de brucine ou sur de la brucine délayée dans l'eau, la liqueur ne se trouble point sous l'influence du gaz, mais d'incolore qu'elle était elle se colore d'abord en jaune, puis en orangé, en rouge clair et enfin en rouge de sang. Parvenue à ce point, la couleur diminue en repassant par les mêmes teintes.

Les acides nitrique et sulfurique concentrés dissolvent la brucine; le premier prend dans cette circonstance une teinte rouge vif qui passe à l'orangé rouge et au jaune, si on chauffe; il se dégage alors un gaz inflammable qui a l'odeur de l'éther nitreux (Gerhardt), et, additionnée de chlorure stanneux ou de sulfure ammonique, la solution jaunie prend une couleur violette très-foncée et persistante. Le second dissout la brucine en rose clair qui passe, si on chauffe le mélange, au brun et à l'olive.

L'iodate sodique additionné d'acide sulfurique et l'acide iodique concentré ne produisent rien à froid dans les solutions de brucine, mais, à chaud, ils y déterminent une teinte rouge violacée sale.

La soude, le carbonate et le bicarbonate sodiques produisent des précipités blancs dans les solutions neutres de cette base, mais les solutions acides ne sont point précipitées par le bicarbonate sodique ou potassique, la brucine étant soluble dans l'acide carbonique libre; à mesure que ce dernier se dégage de la solution, la brucine s'en sépare en donnant naissance à de beaux cristaux.

Le sulfo-cyanure potassique concentré produit dans les solutions également concentrées un précipité cristallin grenu, qui se distingue par sa forme du précipité analogue que produisent les solutions strychniques; de plus, à égale dilution, ces dernières donnent lieu à un précipité qui n'est plus déterminé dans les solutions bruciques.

Le chlorure mercurique produit un précipité blanc.

Les acides organiques fixes non azotés, tels que l'acide tartrique, masquent la brucine; aussi, lorsque ces acides sont mélangés à ses dissolutions, elle ne peut plus en être précipitée par les bicarbonates sodique ou potassique; le tannin n'y produit, au bout d'un quart d'heure, qu'un léger précipité qui disparaît complétement si l'on y ajoute de l'ammoniaque en excès.

5. *Vératrine.*

Formule — ?
Symbole Ve^{+} ou $Ve^{\checkmark}$

Découverte par MM. Meissner, Pelletier et Caventou, 1818 et 1819.

Cet alcaloïde, dont la forme est celle d'une résine blanche, est incristallisable, d'une saveur excessivement âcre quoique sans mélange d'amertume, sans odeur, mais susceptible de provoquer les éternuements les plus violents, lorsqu'il est appliqué sur la membrane pituitaire, même à une dose très-faible. Il fond à + 50° c. et offre l'apparence de la cire. Il n'est soluble qu'à $\frac{1}{1000}$ dans l'eau bouillante, à laquelle il communique une âcreté sensible. L'alcool et l'éther le dissolvent très-bien.

La vératrine forme des sels généralement incristallisables (Pelletier et Caventou). M. Couërbe en a obtenu cependant le sulfate et le chlorhydrate en longues aiguilles à quatre faces[1].

La vératrine, dissoute dans l'alcool et évaporée à une douce chaleur sur un verre de montre, y forme un vernis transparent qui devient blanc opaque et pulvérulent, si l'on y ajoute de l'eau (Couërbe).

Un courant de chlore sec, dirigé sur la vératrine en poudre, l'altère complétement; la vératrine devient brune, charbonneuse, et il s'en dégage des vapeurs abondantes de chloride hydrique. Si l'on dirige le courant de chlore dans une solution d'acétate de vératrine, la liqueur ne tarde point à se troubler et à devenir visqueuse au point que les bulles de gaz la soulèvent presque toute; au bout d'une demi-heure la solution devint fortement acide, et laisse déposer cette poudre blanche qui, pendant toute la durée de l'opération, rend la liqueur opaque.

En présence de l'acide nitrique, elle se colore faiblement en jaune rougeâtre et se prend en petites masses d'aspect résineux. Elle se résinifie également en présence de l'acide sulfurique dans lequel elle se dissout cependant avec facilité, en formant une solution jaune clair qui, bientôt après, passe au rose pour devenir rouge cramoisi, puis violette si l'on élève la température, et repasse au jaune si l'on y ajoute de l'eau.

La potasse, l'ammoniaque et les carbonates alcalins produisent des précipités dans les solutions des sels vératriques.

L'action des bicarbonates sur la vératrine est la même que sur la brucine et la strychnine.

[1] *Annales de chimie et de pharmacie*, LII, 352.

Le sulfo-cyanure potassique, contrairement à l'opinion émise par M. Artus[1], peut déceler la présence de la vératrine, mais dans une solution seulement qui en contient au moins 1 partie sur 200 d'eau. Il se forme alors un précipité gélatineux ou opalin, selon le degré de concentration de la liqueur.

Les principales réactions offertes par la vératrine et les caractères qui peuvent servir à la différencier de la brucine, sont : sa fusibilité et sa manière de se comporter en présence de l'acide sulfurique, car, au contraire de la brucine, elle se dissout avec facilité dans cet acide[2].

Le bicarbonate sodique mais non le bicarbonate potassique, produit immédiatement un précipité fort abondant dans les solutions des sels de vératrine additionnées d'acide tartrique Ce dernier empêche la précipitation par l'infusion de noix de galles; il ne se forme qu'un léger trouble opalin au bout de cinq à dix minutes. Si l'on neutralise l'acide libre par l'ammoniaque, le précipité de tannate devient fort abondant.

6. *Picrotoxine.*

Formule $C^5H^6O^2$

Symbole —

Découverte par M. Boullay, 1812.

La picrotoxine n'est point une base salifiable, elle est contenue dans la coque du Levant.

Cette substance, d'une amertume fortement prononcée, se présente sous forme d'aiguilles aciculaires, de filaments soyeux, de masses mamelonnées ou de cristaux durs et flexibles. Elle se dissout dans 25 parties d'eau bouillante, dans l'éther, dans l'alcool hydraté et non hydraté.

[1] *Jahrb. der prakt. Chemie*. VII, 252.
[2] Merck, *Tromsdorff N. Jour.*, XX.

Les acides ne se combinent pas avec elle, tandis que les alcalis minéraux en favorisent tous la dissolution dans l'eau ; elle joue, par conséquent, plutôt le rôle d'acide que de base.

L'acide sulfurique concentré la jaunit et la fait passer au rouge safrané; pour peu que l'on chauffe, la masse se détruit et se charbonne entièrement.

La picrotoxine se distingue par ses caractères négatifs plutôt que par ses caractères positifs.

L'acide nitrique ne produit rien avec elle. Avec une solution aqueuse de ce corps la teinture d'iode donne tout au plus une coloration un peu plus foncée.

7. *Quinine.*

Formule $C^{20} H^{24} N^2 O^2$

Symbole Qu+ ou Qu'

Découverte par MM. Pelletier et Caventou, 1820.

La quinine cristallise assez difficilement en aiguilles déliées, soyeuses et brillantes, souvent réunies entre elles en petites houppes. Elle est peu soluble dans l'eau froide, l'eau bouillante en dissout un peu plus, elle est très-soluble dans l'alcool, mais assez peu dans l'éther. Elle a une saveur très-amère; toutes ses solutions aqueuses ou alcooliques sont alcalines.

La quinine neutralise les acides. Les sels qu'elle forme ont tous une saveur très-amère, plus amère que ceux de la cinchonine.

Nous avons déjà fait connaître les effets du chlore sur cette base et ses sels.

Les sels quiniques, acides ou non, sont tous précipités par la potasse, l'ammoniaque, les carbonates et les bicarbonates alcalins. Toutefois on n'obtient de l'ammoniaque et des bicarbonates un précipité complet, qu'en faisant bouillir la liqueur assez longtemps pour décomposer le bicarbonate ou chasser l'ammoniaque, dans laquelle la quinine est soluble à chaud.

A froid, les acides nitrique et sulfurique dissolvent cette base, sans colorer la solution; mais à chaud, le premier la colore immédiatement en jaune, tandis que le second ne la jaunit que lentement; du reste, la solution finit toujours par virer au brun dans les deux cas.

Traitée, à une température élevée, par l'hydrate potassique et une faible quantité d'eau, la quinine donne naissance, en dégageant de l'hydrogène, à un alcali de consistance oléagineuse, la *quinoléine* (Gerhardt).

Chauffée sur une lame de platine, elle se volatilise en partie, et le résidu se décompose avec dégagement d'ammoniaque; à l'accès de l'air elle brûle avec flamme.

A $+120°$ elle fond comme un corps gras et, en se refroidissant, prend l'aspect d'une résine transparente, qui redevient blanche et opaque, si l'on ajoute de l'eau à la masse fondue et refroidie.

Les solutions des sels quiniques aiguisées d'acide sulfurique ne sont point précipitées par les bicarbonates alcalins.

L'acide tartrique empêche également la précipitation par les mêmes réactifs, ainsi que par l'infusion de noix de galles; cette dernière n'y produit qu'un léger trouble, qui augmente au bout de vingt-quatre heures; si l'on sature l'acide libre au moyen de l'oxyde sodique, il se forme immédiatement un précipité de tannate de quinine.

8. *Cinchonine.*

Formule $C^{20} H^{24} N^2 O$.
Symbole Ci+ ou Ci✓.

Découverte par MM. PELLETIER et CAVENTOU, 1820.

La cinchonine cristallise en prismes quadrilatères ; elle ne contient point d'eau de cristallisation. Chauffée dans une cornue à +165°, elle fond, sans se décomposer, en répandant des vapeurs aromatiques. Une partie de la base se volatilise et se condense dans le col de la cornue, sous forme de cristaux qui ont de l'analogie avec ceux de l'acide benzoïque. Si on la chauffe brusquement au contact de l'air, elle brûle avec flamme en dégageant de l'ammoniaque. Sa saveur, presque nulle au commencement, devient bientôt très-amère.

Elle est presque insoluble dans l'eau froide, beaucoup moins soluble que la quinine dans l'alcool hydraté et insoluble dans l'éther, ce qui la distingue de la quinine.

Elle neutralise les acides; ses sels sont plus solubles dans l'eau et dans l'alcool que les sels correspondants de quinine; ils cristallisent en général assez facilement; ils sont presque insolubles dans l'éther.

Ces sels, mélangés avec du sable et de l'acide phosphorique et exposés à la température de 165°, dans une capsule recouverte d'un verre de montre, donnent également lieu à un dégagement de vapeurs blanches qui se condensent sur ce verre de montre. L'odeur particulière de la cinchonine la fait distinguer facilement dans cette circonstance (FRÉSÉNIUS).

Traités par le chlore, la cinchonine et ses sels donnent lieu à une coloration rose et rouge, moins foncée que les sels quiniques et qui dans aucun cas ne passe au vert.

Les sels de cinchonine sont précipités par la potasse, l'ammoniaque et les carbonates alcalins; le précipité est insoluble dans un excès du précipitant.

Le bicarbonate potassique précipite également la cinchonine de ses dissolutions tant neutres qu'acides; le bicarbonate sodique ne produit point de précipité dans les solutions acides.

L'acide sulfurique concentré dissout cette substance et forme avec elle une solution incolore, qui devient brune, puis noire, lorsqu'on la chauffe.

Le même acide, additionné d'acide nitrique, la dissout aussi à froid sans se colorer, mais cette solution chauffée se colore de la même manière que la précédente.

Quand l'acide sulfurique est étendu il n'altère point la cinchonine; il ne l'altère pas davantage lorsqu'on fait bouillir la solution additionnée de suroxyde manganique, car on peut toujours retirer la cinchonine de ce mélange.

L'acide tartrique libre n'empêche point la précipitation de la cinchonine par les bicarbonates sodique et potassique.

MARCHE A SUIVRE DANS LA RECHERCHE DE LA PITROTQXINE ET DES ALCALOÏDES.

Maintenant que nous avons fait connaître les principales bases vénéneuses et que nous en avons indiqué les caractères distinctifs, voyons s'il est possible d'en constater d'une manière certaine la présence d'après le principe que recommande M. Persoz dans son *Introduction à la chimie moléculaire*.

Si le problème est aussi simple que possible, c'est-à-dire, si une seule base se trouve en solution, on pourra sans doute s'aider des colorations produites par les acides pour la reconnaître, mais ces colorations ne faisant que rendre probable la présence de telle ou telle base, il faudra toujours avoir recours ensuite aux réactions les plus capables d'en constater la nature.

Si, au contraire, le problème est plus compliqué, en d'autres termes, si la solution ou le mélange renferme toutes les bases que nous avons énumérées, la coloration par les acides ne sera plus d'aucun secours; il faudra alors procéder par voie d'élimination générique, rechercher à l'aide des réactifs les caractères de plus en plus spécifiques de toutes les bases, séparer ces bases par groupes de plus en plus petits, et en mettant sans cesse en opposition leurs caractères respectifs, arriver à n'avoir plus pour dernier produit de l'analyse qu'un corps connu ou un corps inconnu.

Quant à l'emploi des réactifs, il est de principe[1] qu'on n'en doit employer aucun, pour opérer une séparation, qui soit de nature à compliquer par sa présence le problème que l'on veut résoudre; il faut donc toujours pouvoir, au besoin, les séparer facilement, soit en les rendant insolubles, soit en les volatilisant par une évaporation, et l'on voit ainsi que dans un tel genre de recherches on est forcé de renoncer à un grand nombre de ceux dont on fait impunément usage dans l'analyse inorganique. Le chimiste, en effet, n'a guère pour s'aider, dans les opérations de l'analyse organique, que l'eau, l'alcool, l'éther, l'acide acétique, les alcalis, les carbonates et bicarbonates alcalins, l'infusion de noix de galles.

L'emploi successif de l'eau, de l'alcool et de l'éther dans les séparations de ces bases, a été conseillé par M. Merck[2].

En supposant les bases vénéneuses sur lesquelles il a opéré, réunies avec la picrotoxine, on devrait, d'après le pro-

[1] *Introd. à la chim. mol.*, p. 763.

[2] *Tromsdorff N. Journal*, XX, 137.

cédé de ce chimiste, les traiter d'abord par une quantité d'eau bouillante d'environ quarante à cinquante fois le poids du mélange, évaporer la solution aqueuse et traiter le résidu par l'éther dans lequel la picrotoxine seule est soluble. En faisant agir ensuite l'ammoniaque en grand excès sur le résidu du premier traitement, on dissoudrait la morphine qui se précipiterait par l'évaporation.

Les trois autres bases Br+ —Ve+ —Sr+ seraient ensuite reprises par l'alcool absolu qui ne dissout que la brucine et la vératrine. Ces deux dernières, traitées par l'acide sulfurique étendu, se transformeraient en sulfate acide de brucine peu soluble et en sulfate de vératrine soluble qu'on précipiterait par l'ammoniaque.

Cette méthode de séparation ne laisserait rien à désirer, si la solubilité ou l'insolubilité des bases était bien nettement tranchée; mais M. Merck convient lui-même de l'insuffisance de son procédé sous ce rapport, vu que chaque substance demande à être purifiée et séparée de toute autre avant d'être soumise à une nouvelle opération.

La méthode de séparation donnée par M. Frésénius et fondée sur la propriété des alcaloïdes, d'être solubles ou insolubles dans les alcalis ou leurs bicarbonates, mérite à tous égards la préférence. Outre qu'elle présente des séparations plus nettes et plus franches, elle dispense des nombreuses purifications nécessaires dans le procédé précédent. Cependant elle ne satisfait pas encore à tout ce que l'on est en droit d'attendre d'une méthode analytique bien conçue, puisqu'elle n'est applicable aussi qu'aux principales bases et substances connues, et que la nature de la base du bicarbonate peut influencer le phénomène. Mais, dans l'état actuel de nos connaissances, il n'est pas encore possible de tracer, pour ces recherches difficiles, une marche aussi complète et aussi sûre que pour l'analyse inorganique; ne connaissant pas exactement les produits de l'altération ou de la décomposition de ces bases, on est obligé de se contenter des caractères extérieurs des réactions qu'elles offrent.

Voici les trois groupes établis par M. Frésénius :

I. GROUPE.

Alcaloïdes qui sont solubles dans la potasse caustique :

Morphine.

II. GROUPE.

Alcaloïdes précipités de leurs solutions salines acides par la potasse, les carbonates et les bicarbonates alcalins, et dont le précipité est insoluble dans un excès du précipité :

Narcotine.
Quinine.
Cinchonine.

III. GROUPE.

Alcaloïdes précipités de leurs solutions salines par la potasse et insolubles dans un excès de cet alcali, mais qui ne sont point précipités par les bicarbonates alcalins, la solution étant acide :

Strychnine.
Brucine.
Vératrine.

Mais cette division laisse à désirer en ce qu'elle ne s'applique qu'aux alcaloïdes vénéneux qui nous occupent et à deux alcaloïdes non vénéneux, sans faire mention de la picrotoxine; en second lieu elle est établie sur de fausses données, ainsi que M. PERSOZ s'en est assuré le premier. Après avoir répété les recherches de M. FRÉSÉNIUS, nous avons consigné dans le tableau suivant les résultats de la réaction des bicarbonates sodique et potassique sur les solutions acides des bases indiquées; on voit que les trois groupes de M. FRÉSÉNIUS ne peuvent être maintenus tels qu'il les a composés.

SOLUTION AIGUISÉE DE SO^3.	BICARBONATE POTASSIQUE EN EXCÈS.	BICARBONATE SODIQUE EN EXCÈS.
Sel de morphine	Rien.	Rien.
» de narcotine	Précipité immédiat.	Précipité immédiat.
» de strychnine	Rien.	Rien.
» de brucine	Rien.	Rien.
» de vératrine	Rien.	Rien.
» de quinine	Rien.	Rien.
» de cinchonine ...	Précipité abondant.	Précipité lent.

En faisant usage de la propriété que possède l'acide tartrique de masquer certaines bases pour les réactions des bicarbonates alcalins et de l'infusion de noix de galles, on arrive également à établir deux groupes d'alcaloïdes bien distincts d'après le tableau ci-après :

NOMS DES SELS TRAITÉS	PAR LE BICARBONATE SODIQUE.	PAR LE BICARB. POTASSIQUE.	PAR L'INFUSION DE NOIX DE GALLES.
Sels de quinine ...	Rien.	Rien.	Rien au commencement, au bout de 24 heures précipité assez abondant.
» de cinchonine.	Précipité.	Précipité.	Précipité.
» de morphine .	Rien.	Rien.	Trouble opalin.
» de narcotine .	Précipité.	Précipité.	Rien.
» de strychnine.	Précipité par un excès.	Rien.	Précipité.
» de brucine ...	Rien.	Léger trouble.	Rien, au bout de 1/4 d'heure léger trouble.
» de vératrine..	Précipité.	Rien.	Rien.

Il est cependant à remarquer que l'infusion de noix de galles précipite abondamment les bases indiquées, dès que l'acide tartrique a été neutralisé par l'ammoniaque, mais qu'un excès de cette dernière base redissout le tannate de brucine; de plus, que de deux bases qui se rencontrent dans la même plante, l'une est constamment masquée par l'acide tartrique, tandis que l'autre ne l'est point; l'emploi de ce moyen est donc précieux, en ce qu'il permet de séparer bien nettement ces deux alcaloïdes.

Les bases comprises dans ce cadre peuvent se trouver dans le mélange à l'état de sel et se dissoudre alors dans l'eau; nous ne pouvons donc faire usage de ce véhicule pour en séparer la picrotoxine, mais nous nous servons de la propriété que possède le tannin, de former des combinaisons très-peu solubles avec les alcaloïdes et un composé soluble avec la picrotoxine. Nous avons de cette manière deux groupes, dont le premier comprend une substance neutre, et le second les trois sousdivisions indiquées par M. Frésénius; voici comment nous procédons:

Une solution étant donnée, on verse dans la liqueur à examiner, de l'infusion de noix de galles; s'il ne se forme point de précipité, il peut s'y trouver de la picrotoxine. On enlève le tannin au moyen de la magnésie, on évapore au bain marie à siccité complète et l'on traite le résidu par l'éther. S'il se dissout une matière très-amère, cristallisant par l'évaporation spontanée, ne se colorant ni par l'acide sulfurique, ni par l'acide nitrique, ne donnant aucun réaction qui indique la présence des bases végétales, on a de la picrotoxine, dont les caractères, comme nous l'avons dit, sont tous négatifs. Mais si dans la solution il s'est formé un précipité par l'infusion de noix de galles, on le recueille encore humide sur un filtre on le lave avec soin, et on le mélange avec de l'hydrate calcique; après évaporation à siccité au bain marie, on reprend le résidu par l'alcool, on évapore de nouveau pour chasser ce dernier, on neutralise au moyen de l'acide sulfurique, et on dissout dans une proportion d'eau de 200 à 1 de sel. Mêlant alors à la liqueur de la potasse caustique, si l'on obtient un précipité, on y ajoute un excès de ce réactif qui le fait disparaître en totalité ou en partie ou ne l'attaque pas sensiblement. On filtre alors, on lave le résidu, les liqueurs filtrées sont réunies et mélangées avec du chlorure ammonique en poudre, et s'il se produit un précipité, ce ne peut être que de la morphine. Le précipité insoluble repris par l'acide chlorhydrique est dissous dans la proportion d'eau indiquée, additionnée de quelques gouttes d'acide sulfurique, et traité par le bicarbonate sodique; s'il se forme un précipité, ce n'est que de la narcotine ou de la cinchonine, mais la liqueur peut tenir en dissolution de la quinine, de la strychnine, de la brucine, de la vératrine.

Arrivé là, on recueille d'abord le précipité, on le lave à l'eau froide et on le traite par l'éther qui dissout la narcotine sans dissoudre la cinchonine. Après cette séparation, on fait usage des réactions qui caractérisent la cinchonine et la narcotine.

Pour constater dans la liqueur filtrée la présence de la strychnine, de la brucine, de la quinine et de la vératrine, on évapore au bain marie jusqu'à siccité, et l'on traite le résidu par l'alcool absolu ; comme ce liquide dissout facilement ces bases, à l'exception de la strychnine, il reste à constater la présence de cette dernière dans le résidu insoluble.

Pour séparer les trois bases solubles dans l'alcool absolu, après avoir chassé l'alcool par l'évaporation, on reprend les bases par une dissolution d'acide tartrique en léger excès, on traite ensuite les tartrates acides dissous par le bicarbonate sodique, qui précipite la vératrine et laisse la brucine et la quinine en solution. Alors, pour séparer ces deux dernières et constater leur présence, on évapore à siccité au bain marie, on ajoute de la chaux pour former un tartrate insoluble, puis évaporant de nouveau le résidu repris par l'alcool, on le sursature par l'acide sulfurique et l'on obtient du sulfate de quinine soluble et du sulfate acide de brucine qui l'est très-peu, ou mieux encore, on ajoute aux tartrates de l'infusion de noix de galles et de l'ammoniaque; le tannate de brucine se dissout dans cet alcali, tandis que le tannate de quinine y est insoluble (voy. le tab. n° III).

La présence de ces bases est du reste constatée par les caractères et les réactions propres à chacune d'elles, que nous avons développés plus haut.

RECHERCHE DES BASES MÉLANGÉES AVEC DES MATIÈRES ORGANIQUES FIXES.

Depuis la découverte des alcalis végétaux auxquels les plantes vénéneuses doivent leurs propriétés actives, on a dû penser qu'il n'était pas plus impossible de retrouver les substances organiques, dans un cas d'empoisonnement, que les substances inorganiques. C'est à l'occasion du procès de Castaing que cette question fut soumise pour la première fois aux chimistes et qu'un prix fut proposé à l'auteur de la meilleure méthode pour la découverte des poisons végétaux dans des cas de médecine légale. On demandait que les propriétés des alcaloïdes fussent assez bien déterminées pour qu'il fût possible d'arriver à déceler leur présence avec la même certitude que celle des poisons inorganiques. M. Merck, de Darmstadt[1], et M. Donné, de Paris, s'occupèrent activement de cette question. MM. Orfila, Serullas, Henry, Chris-

[1] *Tromsdorf N. Journal*, XX, 134.

TISON, GEIGER, fournirent aussi des données précieuses.

Ces travaux facilitèrent sans doute les recherches, mais, malgré la masse des faits accumulés, on n'est pourtant parvenu à bien caractériser qu'un petit nombre de substances végétales toxiques: la *morphine*, la *strichnine*, la *brucine*, la *vératrine*, la *narcotine*, la *picrotoxine*, auxquelles on peut joindre la *quinine* et la *cinchonine*, quoiqu'elles ne soient pas considérées comme réellement vénéneuses.

Nous avons exposé les moyens de reconnaître, dans une solution, la présence de l'une ou de l'autre des bases végétales, en supposant cette solution tout à fait exempte de matières organiques étrangères; mais s'il est difficile au chimiste de retrouver les substances minérales vénéneuses dans un mélange de matières organiques de diverse nature, la recherche des alcalis végétaux présente des difficultés bien plus grandes encore, qui deviennent même presque insurmontables quand les bases ont été absorbées par les tissus organiques.

On ne peut, en effet, s'aider ici d'aucun des différents moyens de détruire la matière organique qui embarrasse tant les réactions et les altère au point de les rendre méconnaissables. L'eau, l'alcool, l'éther, les acides acétique et chlorhydrique convenablement étendus, l'infusion de noix de galles sont encore les seuls agents dont le secours puisse être admis. Le concours même du charbon, si utile pour la décoloration des liquides et dont l'usage est si souvent recommandé par quelques chimistes, n'est pas sans de graves inconvénients, attendu que, par l'action qu'il est dans le cas d'exercer en vertu de sa porosité sur les substances en dissolution, il pourrait en absorber une partie, si ce n'est la totalité, et cependant on ne connaît encore aucune substance qui puisse le remplacer; il faut donc avoir recours à des cristallisations ou à des traitements successifs par les véhicules appropriés.

Une question se présente ici, question qu'il importe de résoudre avant d'aller plus loin. Est-il admissible que des substances végétales ne soient point altérées dans leur composition par un contact plus ou moins prolongé avec des substances putrescibles ou même déjà en putréfaction ? Est-il raisonnable d'admettre qu'on puisse retrouver la substance végétale toxique dans un cadavre qui aurait séjourné en terre pendant un temps plus ou moins long ?

Un fait bien connu des pharmaciens fournirait la preuve, à défaut d'autres expériences, que les bases végétales ne s'altèrent point au contact des substances en fermentation ; on sait, en effet, que le laudanum de ROUSSEAU, qui est plus actif que celui de SYDENHAM, est préparé par voie de fermentation, mais des expériences directes ont résolu le problème ; MM. ORFILA, MERCK, LASSAIGNE, HENRY et DUBLANC ont retiré de la *morphine* et de la *strychnine* bien caractérisées, de matières organiques avec lesquelles elles avaient été abandonnées à la putréfaction depuis trois et six mois, et il est constant aujourd'hui qu'on peut reconnaître la présence de ces bases, plusieurs mois après la mort, dans le canal digestif[1].

Différents procédés d'extraction ont été indiqués ; nous allons les passer successivement en revue, et nous essayerons ensuite de tracer la marche qui nous paraît, en général, la plus propre et, par conséquent, la plus convenable pour constater l'existence de ces substances.

[1] *Tromsdorf N. Journ.*, XX. *Journ de pharm.*, XVI, 382. *Traité des exhumat. jurid.*, par M. ORFILA. *Toxicolog.*, ORFILA, II, 201. *Journ. de pharm.*, 1835, juin.

1° *Procédé de* M. Merck.

D'après ce procédé on sépare par décantation ou mieux encore par filtration, les matières solides des matières liquides. Les premières sont lavées d'abord et traitées à chaud dans une eau fortement aiguisée d'acide acétique, puis on filtre et on évapore presqu'à siccité toutes les liqueurs obtenues. Le résidu repris par l'alcool bouillant est filtré de nouveau et ramené par l'évaporation à la consistance sirupeuse; on précipite l'alcaloïde par l'ammoniaque; le précipité recueilli sur un filtre est lavé à plusieurs reprises avec de l'eau froide; s'il est fortement coloré, on doit le redissoudre dans l'acide acétique, le décolorer par le charbon animal et le précipiter de nouveau par l'ammoniaque, et après avoir recueilli le précipité sur un filtre et l'avoir lavé, le faire cristalliser en le redissolvant dans l'esprit de vin et en l'abandonnant à l'évaporation spontanée.

Nous devons faire observer qu'il serait préférable, dans cette circonstance, de remplacer l'ammoniaque par le carbonate potassique, à cause de la solubilité de la *morphine* et de la *quinine* dans ce réactif.

2° *Procédé de* M. Orfila.

Le procédé de M. Orfila ne diffère que peu de celui de M. Merck. D'après ce célèbre toxicologue, on doit traiter par l'alcool bouillant les matières solides qu'on a séparées des matières liquides, évaporer au bain marie jusqu'à consistance d'extrait les liqueurs réunies, puis reprendre par l'eau aiguisée d'acide acétique pour séparer autant que possible les matières grasses. Du reste, si la liqueur est colorée, on la décolore au moyen du charbon animal purifié et par une filtration répétée à plusieurs reprises à travers le même corps, sans recourir à l'emploi du sous-acétate de plomb que M. Lassaigne a recommandé pour précipiter les matières colorantes et dont l'emploi ne paraît pas toujours utile à M. Orfila.

On évapore alors la liqueur décolorée, en ayant soin, pour éviter une nouvelle coloration, de la mettre dans le vide sous la machine pneumatique et de placer à côté un vase contenant de l'acide sulfurique concentré.

Ou bien, après avoir traité immédiatement les matières solides par l'acide acétique, on évapore et l'on reprend par l'alcool le résidu de l'opération; on abandonne alors cette dernière solution à une nouvelle évaporation, puis on la décolore au moyen du noir animal, s'il est nécessaire, et on la traite par les réactifs pour y déceler la présence de l'un ou de l'autre des alcaloïdes vénéneux.

3° *Procédé de* M. O. Henry.

Ce procédé nous semble mériter une attention toute particulière. Ce chimiste soumet à l'ébullition les matières liquides, aiguisées d'acide acétique; il traite de même les matières solides, puis, réunissant les liqueurs obtenues, il les concentre par l'évaporation et les précipite par une infusion de noix de galles récemment préparée; le précipité recueilli est lavé et décomposé, humide encore, par l'hydrate calcique. La masse évaporée à siccité au bain marie est reprise par l'alcool bouillant et, si la matière suspecte contient un alcaloïde, on obtient, à l'aide de l'évaporation spontanée, soit des cristaux, soit un résidu amorphe.

Cette manière d'opérer offre l'avantage incontestable de réduire à un petit volume la substance que l'on recherche, sans que le chimiste soit obligé de recourir à ces longs moyens de purification et de décoloration qui entraînent toujours la perte d'une partie de la matière.

Toutefois la picrotoxine ne saurait être trouvée par ce procédé, car non-seulement elle ne se dissout qu'avec difficulté dans les acides, mais encore elle n'est point précipitée par le tannin. Pour la découvrir, il faudrait donc la rechercher dans la partie liquide de la matière et l'en extraire au moyen de l'alcool.

Laissant de côté le procédé de M. Dublanc, qui n'offre aucun des avantages de celui de M. O. Henry, quoiqu'il recommande également l'emploi du tannin pour séparer les alcaloïdes des substances organiques fixes, avec lesquelles ces bases seraient mélangées, nous devons exposer quelle est, selon nous, la marche à suivre pour arriver à la découverte des bases végétales dans un tel mélange; c'est ce que nous allons faire pour terminer la tâche que nous nous sommes imposée; nous tâcherons d'être aussi clair et aussi bref que possible.

On doit avant tout avoir égard à la nature de la substance solide ou liquide qui fait le sujet de l'analyse médico-légale.

Est-elle liquide, colorée ou incolore, on doit la rendre acide au moyen de quelques gouttes de chloride hydrique ou d'acide acétique, après l'avoir évaporée toutefois, si le volume en est trop considérable, mais en en réservant une partie pour y constater la présence ou l'absence de la picrotoxine, surtout si la liqueur est d'une saveur très-amère. — Une autre partie de la liqueur acidifiée et convenablement évaporée est mélangée avec l'infusion de noix de galles.

S'y forme-t-il un précipité, on le recueille sur un filtre, on le lave et on le décompose par l'hydrate calcique en excès; puis on reprend le résidu de l'opération par l'alcool bouillant dans le but de dissoudre l'alcaloïde; en soumettant la liqueur à une évaporation lente, on obtient la base sous forme de cristaux.

La matière à examiner est-elle solide et liquide à la fois, comme les matières des vomissements, celles qui sont trouvées dans le canal digestif, etc., ou bien s'agit-il de rechercher la substance toxique végétale dans les tissus organiques qui auraient pu l'absorber, on traite ou ces matières ou ces tissus par l'alcool bouillant à plusieurs reprises. On évapore la liqueur spiritueuse jusqu'à consistance d'extrait et l'on reprend par l'eau aiguisée d'acide chlorhydrique ou acétique pour séparer les corps gras que l'alcool a dissous; on traite ensuite une portion de la liqueur filtrée par l'infusion de noix de galles pour y rechercher la présence d'un alcaloïde, en conservant l'autre portion pour s'assurer de la présence ou de l'absence de la picrotoxine.

Se forme-t-il un tannate insoluble, on le traite absolument de la même manière que dans le cas précédent, c'est-à-dire par la chaux hydratée d'abord, ensuite par l'alcool. Par l'évaporation lente de la solution alcoolique sur un verre de montre, on obtient un résidu cristallisé ou amorphe, dont il sagit de déterminer la nature. A-t-il l'aspect d'un vernis transparent, ce pourra être de la vératrine; cristallise-t-il, ce pourra être de la morphine, de la strychnine ou de la brucine.

On réserve une partie du résidu amorphe ou cristallisé comme pièce de conviction, et l'on en consacre une autre aux recherches et aux réactions, en ne s'attachant qu'à celles qui sont bien caractéristiques et qui peuvent constater d'une manière positive la présence de telle ou telle base vénéneuse.

Pour s'assurer, du reste, de l'exactitude des recherches et du résultat, on doit se livrer à une contre-épreuve sur une quantité de base égale à celle que l'on a obtenue, en suivant de point en point les opérations que l'on a faites en premier lieu. Les avantages de ce contrôle n'ont pas besoin d'être discutés.

Si les expériences entreprises n'étaient pas encore de nature à porter la conviction dans l'esprit, il ne resterait plus qu'à consulter les effets symptomatiques que produisent les alcaloïdes toxiques. CHRISTISON et plusieurs toxicologues distingués se sont servis avec succès de ce moyen de contrôle[1].

Résumé et conclusions.

1° Le nombre des alcaloïdes vénéneux qui peuvent être décelés dans un cas d'empoisonnement est peu considérable.

2° Le mélange de matières putrescibles ou fermentescibles ne les altère pas dans leur composition; ils peuvent être retrouvés quand même ils auraient été en contact avec ces matières pendant un laps de temps assez considérable.

3° Dans la recherche de ces bases, il faut éviter avec soin toutes les substances qui seraient de nature à les altérer, tels que les acides concentrés, le chlore, et même une trop forte élévation de température.

4° Il faut avoir égard à l'influence des acides organiques fixes non azotés sur les réactions, la présence de l'un de ces acides pouvant empêcher que quelques bases ne soient décelées par certains réactifs.

5° *Il ne suffit pas dans une expertise médico-légale, pour affirmer qu'une matière suspecte contient un alcaloïde, d'avoir constaté son amertume ou son âcreté, sa coloration par les acides et les sels métalliques; il faut encore avoir isolé la base toxique, et l'avoir obtenue cristallisée, si elle est susceptible de l'être, et avoir acquis la conviction qu'elle jouit de tous les caractères connus et propres à cette base* (ORFILA).

[1] *Wildburg prakt. Handbuch für Pharm.*, III, 33. *Rust's Magazin*, III, 24.

I. Solubilité des alcaloïdes.

NOMS		LEUR SOLUBILITÉ DANS				
DES ALCALOÏDES VÉNÉNEUX.	DES CHIMISTES qui les ont découverts.	L'ESPRIT DE VIN.	L'ALCOOL DE 0,94.	L'ÉTHER.	L'EAU à la températ. ordin.	L'EAU A 100°.
Morphine	SERTÜRNER	Difficil. soluble.	A froid 1/90.	Presqu'insoluble.	1/1000	1/400 à 1/500
Codéine	ROBIQUET	Soluble.	Soluble.	Soluble.	1/80	1/18
Narcotine	DEROSNE	Soluble.	A froid 1/120. A chaud 1/24.	A froid 1/100. A chaud 1/40.	Insoluble.	1/400
Thébaïne	PELLETIER	Soluble.	Soluble.	Soluble.	Peu soluble.	Peu soluble.
Strychnine	PELLETIER et CAVENTOU	Soluble 1/20.	Presqu'insoluble.	Presqu'insoluble.	1/7000	1/2500
Brucine	Les mêmes	Facil. soluble.	Soluble.	Insoluble.	1/850	1/500
Quinine	Les mêmes	Très-soluble. A chaud 1/3.	Très-soluble.	1/60	1/400	1/200
Cinchonine	Les mêmes	1/160	Assez soluble.	Insoluble.	Presqu'insoluble.	1/2500
Vératrine	Les mêmes	Soluble.	Très-soluble.	Peu soluble.	Presqu'insoluble.	1/1000
Sabadilline	Les mêmes et MEISSNER	—	—	Insoluble.	—	Soluble.
Colchicine	GEIGER et HESSE	Très-soluble.	Très-soluble.	Soluble.	Assez soluble.	Soluble.
Émétine	PELLETIER et CAVENTOU	Soluble.	Soluble.	Presqu'insoluble.	Difficil. soluble.	Soluble.
Delphinine	LASSAIGNE	Soluble.	Soluble.	Soluble.	Presqu'insoluble.	—
Solanine	DESFOSSES	Très-soluble.	Très-soluble.	Presqu'insoluble.	Insoluble.	1/8000
Aconitine	HESSE	Facil. soluble.	Facil. soluble.	Facil. soluble.	1/150	1/50
Nicotine	VAUQUELIN, REYMANN et POSSELT	Soluble.	Soluble.	Facil. soluble.	Soluble.	Soluble.
Daturine	GEIGER et HESSE.	1/5	Soluble.	1/20	1/280	1/72
Atropine	Les mêmes et MEIN.	1/2	Soluble en toute proportion.	1/25 à 1/6	1/200	1/54 1/50
Coniine	GIESECKE	1/4	Soluble.	1/6	1/100	Soluble, se troublant par la chaleur.
Hyoscyamine	GEIGER et HESSE.	Soluble.	Soluble.	Soluble.	Assez soluble.	Soluble.
Picrotoxine	BOULLAY	Soluble.	Soluble.	Assez soluble.	Difficil. soluble.	1/100

II. Réactions principales des alcaloïdes et de la picrotoxine.

ALCALOÏDES LEURS SELS traités par	L'ACIDE SULFURIQUE CONCENTRÉ	L'ACIDE NITRIQUE CONCENTRÉ	UN COURANT DE CHLORE	LA TEINTURE D'IODE	LE SULFATE FERRIQUE	LE CHLORURE AURIQUE	L'ACIDE IODIQUE	LE CHLORURE PLATINIQUE	LE CHLORURE MERCURIQUE	LE SULFO-CYANURE POTASSIQUE	RÉACTIONS CARACTÉRISTIQUES
orphine.	Point de coloration.	Jaunit dabord, et rougit ensuite.	Coloré en jaune, puis en orange et en rouge, enfin en jaune, précipité floconneux.	Précipité en brun.	Coloration bleue intense.	Coloration bleue.	Coloration brune avec odeur d'iode.	Il se produit un léger trouble, mais très-lentement.	Rien avec SMo^{+}, précipité blanc avec $\bar{A}Mo^{+}$.	Rien.	So^{3}, pas de coloration. $N^{2}O^{5}$ coloration jaune, puis rouge. $Cl^{3}Fe^{2}$ coloration bleue. $Cl^{3}Au^{2}$ coloration bleue.
arcotine.	Jaunit à froid, brunit à chaud.	Rien à froid, jaunit à chaud.	Couleur de chair passant au rouge brun.	Précipité en brun.	Point de coloration particulière.	Point de coloration particulière.	Rien.	Immédiatement précipité blanc jaunâtre.	Immédiatement précipité blanc	Précipité rose qui disparaît par un excès de sulfo-cyanure.	Transformation en cotarnine et en acide opianique sous l'influence de So^{3}, et de $Mn O^{2}$. Précipité rose par le sulfo-cyanure potassique.
rychnine.	Jaunit très-peu.	Jaunit très-peu.	Précipité en blanc.	Précipité en brun.	Rien.	Léger trouble jaune et précipité de même couleur.	Rien à froid, mais à chaud teinte violette pâle, odeur d'iode.	Trouble jaune pâle assez fort, précipité de même couleur.	Précipité blanc.	Au centième précipité abondant, au quatre centième formation de cristaux.	Coloration bleue intense par un mélange de SO^{3} et de $N^{2}O^{5}$ et $Pb O^{2}$. Le précipité cristallin produit par le sulfo-cyanure potassique.
Brucine.	Coloré en rose d'abord, en rouge de sang ensuite.	Rose d'abord, passant rapidement au rouge de sang.	Point de précipité, mais coloré en jaune, passant à l'orange et au rouge de sang.	Précipité en brun.	Rien.	Précipité gris-blanc, virant au rouge, plus tard devenant brun.	Rien à froid, mais à chaud teinte violacée foncée, odeur d'iode.	Précipité jaune abondant.	Trouble blanc.	Au centième, rien, au commencement, au bout d'une heure formation de cristaux grenus.	La coloration violette produite par $N^{2}O^{5}$ et $Cl^{2}Sn$ ou Sam.
ératrine.	Se contracte. Coloration en jaune, rouge, cramoisi, violet.	Se contracte, coloration jaune virant au rouge.	Dépôt blanc très-abondant.	Précipité en brun.	Rien.	Trouble jaunâtre et précipité.	Rien.	Rien	Rien.	Au centième, fortement troublé.	Fusibilité de la vératrine à +50°. — Ne cristallise point. — L'action du chl.re.
croloxine.	Rien.	Rien.	....	Léger trouble qui disparaît.	Rien.	Rien.	Rien.	Rien.	Rien.	Rien.	Absence de caractères spéciaux.
Quinine.	Pas de coloration à froid, à chaud devient jaune et enfin brun.	Pas de coloration à froid, à chaud, jaune, brun, noir.	Devenant jaune, rose, rouge, verdâtre, formation d'une matière brune résineuse.	La liqueur brunit sans perdre sa transparence.	Rien.	Précipité jaune.	Rien, ni à froid ni à chaud.	Précipité jaune-blanc.	Précipité blanc.	Précipité blanc dès la première goutte, soluble dans un excès.	La dissolution d'un sel de quinine, additionnée de chlore et d'ammoniaque, donne naissance à un précipité vert.
nchonine.	Pas de coloration à froid, en chauffant brunit et devient noire.	Pas de coloration à froid, à chaud, jaune, brun, noir.	Même coloration que la quinine, mais moins intense, et ne passant point au vert.	La liqueur brunit sans se troubler.	Rien.	Précipité jaune.	Rien, ni à froid ni à chaud.	Précipité jaune-blanc virant au brun.	Précipité blanc très-abondant et caillebotté.	Précipité blanc, soluble dans un grand excès.	La cinchonine se vaporise à une température élevée en répandant une odeur aromatique.

III. Séparation des principaux alcaloïdes vénéneux de la quinine, de la cinchonine et de la picrotoxine.

On verse dans la solution ...euse neutralisée et con...ablement étendue de ...fusion de noix de galles, ...qu'à ce qu'il ne se forme ...s de précipité ; on filtre.

- La liqueur filtrée, additionnée de chaux hydratée, est évaporée au bain marie ; le résidu sec est traité par l'éther ; évaporant ce dernier, on obtient des cristaux de.. Picrotoxine.
- Le précipité recueilli sur un filtre contient Mo^{+}, Na^{+}, Sr^{+}, Br^{+}, Ve^{+}, Qu^{+}, Ci^{+} ; on le lave et on le mélange, humide encore, avec Ca hydraté ; après l'avoir évaporé à siccité, on le reprend par l'esprit de vin bouillant qui dissout toutes les bases ; abandonnant cette solution à l'évaporation pour chasser l'alcool, on redissout les alcaloïdes dans SO^{3} étendu, et l'on ajoute K en excès
  - soluble la morphine, que l'on précipite en ajoutant du chlorure ammonique à la solution .... Morphine.
  - Les alcaloïdes insolubles dans la potasse caustique, sont séparés de la liqueur et redissous dans SO^{3} très-étendu et en excès ; on ajoute à la solution du $C^{2}Na$, il y a
    - précipité de Na^{+}, Ci^{+} que l'on traite par l'éther qui
      - dissout la .... Narcotine.
      - et ne dissout pas la .... Cinchonine.
    - ou pas de précipité. On fait bouillir la liqueur et on l'évapore à siccité. Le résidu repris par l'alcool absolu ne lui abandonne que la Ve^{+}, Qu^{+} et Br^{+}
      - insoluble dans l'alcool absolu la .... Strychnine.
      - soluble dans l'alcool absolu. Après avoir chassé ce dernier on dissout les alcaloïdes dans une solution d'acide tartrique en léger excès, et l'on ajoute du $C^{2}Na$
        - précipité .... Vératrine.
        - non précipité. On évapore à siccité et l'on ajoute de la chaux hydratée en excès, on fait bouillir, on reprend le résidu par l'alcool bouillant, on filtre, on évapore ce dernier et l'on transforme les bases en sulfates acides ; ou mieux encore : on ajoute aux tartrates de l'infusion de noix de galles et de l'ammoniaque ; le tannate de brucine se dissout dans cet alcali, landis que le tannate de quinine y est insoluble.
          - Sulfate peu soluble de.. Brucine.
          - Sulfate très-soluble de.. Quinine.

Imprimé en France
FROC021617120919
22129FR00009B/361/P

9 782329 310787